秦安县职业中等专业学校 自编教材

秦安特色名小吃

秦安职专 中餐烹饪 专业组

图书在版编目（CIP）数据

秦安特色名小吃 / 陈强，李永红，李晓东主编. — 天津：天津大学出版社，2020.9
（秦安县职业中等专业学校自编教材）
ISBN 978-7-5618-6780-8

Ⅰ.①秦… Ⅱ.①陈… ②李… ③李… Ⅲ.①风味小吃-秦安县-中等专业学校-教材 Ⅳ.①TS972.142.424

中国版本图书馆CIP数据核字（2020）第179042号

出版发行 天津大学出版社
地　　址 天津市卫津路92号天津大学内（邮编：300072）
电　　话 发行部：022-27403647
网　　址 www.tjuqress.com.cn
印　　刷 北京盛通印刷股份有限公司
经　　销 全国各地新华书店
开　　本 185 mm × 260 mm
印　　张 6.25
字　　数 115千
版　　次 2020年9月第1版
印　　次 2020年9月第1次
定　　价 16.00元

编 委 会

序

民以食为天，吃饭穿衣是人生最基本的事，亦是头等大事，具有普遍性。但吃什么和怎么吃则体现出吃的地域性和文化性。地处陇右腹地的秦安县古称成纪，传说是伏羲、女娲的诞生地，因而又有"羲里娲乡"的美称。著名的原始文化遗址大地湾的发现和发掘，从实物方面印证了这块地域的神奇和古老。遗址发掘证明，早在7800年前，大地湾的居民就种植着黍和油菜籽，原始农业得到初步发展。然而烹调技术的发展则远早于此时。当地流传着伏羲氏制庖厨的传说，说明在原始社会，人们通过狩猎获取到肉类食物之后，创造了不同的吃法。随着原始农业的出现和发展，粮食产量的增长，人们的食物种类变得丰富多样，大地湾遗址中出现的各种类型的储存粮食的陶器、分配粮食的量器等从一个侧面反映出原始农业的状况。食物的种类和数量是烹饪技术发展的基础。食物支撑着人们身体的发育，同时也是文化发展最直接的推动力。从根本上来说，人类社会的前进就是在获取食物、加工食物、享受食物的过程中开始的。

秦安是中国旱作农业的发源地之一，也刚刚从传统的农耕社会中走出来，因而，秦安的饮食主要基于这方土地生长的粮食作物以及传统的养殖动物。秦安饮食文化是当地居民在长期历史发展过程中创造出来的、与日常生活关系最密切的文化习俗。在人一生的记忆中最为久远，也最为亲切的莫过于对味道的记忆，人们对于童年的记忆有时候是一种味道的记忆，这充分说明饮食文化寄托着人们对一方水土独特的情感。而秦安味道就体现在它千姿百态、内容丰富的饮食中。

地处关陇要隘的秦安物产丰富，气候宜人，土地肥沃，适合北方大部分旱作作物的生长，见于明代县志记载的作物就有25种，后来，随着社会的发展，品种也在逐年增加。秦安又是著名的瓜果之乡，品种齐全的瓜果蔬菜，为秦安烹饪技术的发展提供了全面而丰富的食材。秦安又是秦椒的产地，花椒等调味植物的种植历史非常悠久，加之秦安人民善于发现和利用野生食材作原料，又大大地丰富了秦安饮食文化的内涵。如果说文化是人们在生存过程中创造出的，具有规范性、程式性、习惯性的生活方式，那么饮食文化则是更为直接的文化。长期以来，秦安人民就生活在这样一种文化中，习惯于历史传承下来的饮食方式，习惯于它独有的味道，又在生活实践中充分利用自己的智慧不断地创造出新的饮食方法和食品种类。荷尔德林说过:“人诗意地栖居在大地上。”利用简单朴素的原料创造出别出心裁的食品，享受制作和食用的过程则是这种诗意最原始的表达。秦安地域的人们在数千年的历史中所创造的食物样式是难以数计的，流传下来的往往是方便易做、久食不厌的食品，这些食品构成了秦安地域文化和风俗的一部分。将这些具有地方特色的食物全面系统地整理和记录下来，是一项非常艰巨的文化工程，也应当是地方文化建设主题中应有的内容。秦安县职业中等专业学校的烹饪教师陈强先生说他正在编纂《秦安特色名小吃》一书，我认为这是一个非常好的选题，其意义在于一是能够较为完整和系统地保存秦安地域内的各类有特色的食物的制作过程，使其不至于年久失传，二是可以让外界的人对秦安饮食文化有一个较为全面的认识，三是可以从这本小册子中窥见秦安地域文化鲜明的特色。陈强先生发来他的书稿后，我认真地拜读之后，感觉这本书对读者认识秦安饮食文化，了解秦安地域内的各类食物以及制作过程都有很大的帮助，甚至可以依照其流程制作出像样的秦安食品，具有很强的可操作性。本书对部分小吃的历史渊源以及传说故事等也做了一些挖掘整理，具有趣味性和历史感。并且配图也非常精美，让人一看便食欲大增。然而，我为其作序，实属勉为其难，一则我对于烹调技术基本上是一个外行，二则我对食物从来不挑剔也不讲究。我说应该请一个名人来写，然而他执意要我写，我本来才疏学浅，加之这段时间忙乱一气，不能静心思考，匆匆动笔，不知从何处着手。然而作为一名普通的秦安人，我对家乡的家常便饭、一些摊点上的风味小吃也是知其味的，因而就不揣浅陋，对秦安的饮食特点做一些简要的概括。

一是秦安人喜酸，境内的居民，无论城乡，家家不离酸菜缸，由此衍生出的家常便饭有浆水面、浆水拌汤、浆水凉粉、浆水滴糊儿、酸搅团、馓饭、杂粮面等。秦安人以酸菜调饭，应该有着漫长的历史，酸菜制作简便，以老浆水为引，以煮熟的白菜、卷心菜散叶或苦苣、荠菜等野菜为原料，发酵后即可食用。秦安四季分明，在历史上，人们在冬季吃不到蔬菜，酸菜就是主要的菜食，保证了人们的营养平衡。在炎热的夏季，酸菜和浆水便是人们解渴消暑的重要食物。秦安人多地少，加之十年九旱，人们凭借储备的酸菜度过漫漫饥荒岁月，让生命得以延续。所以，秦安人对酸菜的感情是来自心灵深处的，是携带着深厚的历史基因的。普通的酸菜有着百姓日常生活的味道，心灵手巧的农家妇女和厨师们的创造。又让其在各类高级精美的食物中呈现出意想不到的效果。非但如此，酸菜和浆水还在各类食品加工中起着重要作用，比如秦安的豆腐就是用浆水点制的。不仅是秦安人，许多外地人都非常认可秦安豆腐的味道，浆水点制的秦安豆腐口感爽滑、清香天然，是这方水土的独特馈赠。除了酸菜之外，醋也是秦安人常用的调味品，如县东清水河流域和县北的魏店等地至今仍然传承着手工酿醋的技艺。清水河流域著名的清汤面是以家酿醋为调料的食物之一。秦安最为著名的肚丝汤也是以酸辣出名的食物，讲究的肚丝汤所用的醋是传统手工酿造的醋。

二是好辛辣。在辣椒传来之前，秦安人最为普通的调味品便是葱、姜、蒜和芥末，在葱类中秦安人还喜欢本地产的浓葱，其因耐储藏，在历史上也是最为重要的冬季调味品，每逢春节之前，集市上到处都卖浓葱。干辣椒也是秦安人喜食的调味品，秦安最为著名的辣子面就是以干辣椒为主要佐料的食物。一些简单的面条佐以油泼辣子、葱花、芫荽，就成为一碗色、香、味俱全，令人百吃不厌的面食，这就是秦安食品的魅力所在。

三是独特的地域性。秦安悠久的农耕文化确定了秦安食物以面食为主的基本特色。其面食品种繁多，五花八门，分为馍类、汤类、饭类。馍类中根据其蒸、烙、烤、煮、油炸等形式形成式样繁多的品种，如普通的蒸馍、大馍馍、气拓儿、荷叶饼、杂粮面楔子（米黄甜馍、荞面楔子、苦荞面楔子、糜面楔子等），还有煮洋芋时放在碗里蒸熟的碗托托等。烙成的有锅盔、莲花干馍、起面饼子、油馍馍以及各类杂粮面饼子等，部分杂粮面馍馍的做法则采用倒的方式，即在做饭的锅中间放置一个陶制圈子，向里面注水，周围则将和好的杂粮面倒入，慢火烙烤而成，由于现代人生活节奏快，这种做法已退出历史舞台，但其滋味仍然留在人们的记忆中。而箍圈儿、柱顶石、八爪馍等则用烤的方法制作，油炸的有油饼、麻花、荞面油圈圈、馓子等。汤类、饭类的制作方法和种类更是不胜枚举。除了家常便饭之外，普通百姓在逢年过节时还要制作各类节日食品，如五月五的甜醅（县城人称酒醅子）和花馍、六月六的麦蝉子、十月一的麻麸馍、腊八节的腊八粥、元宵节的汤圆等。这些丰富多彩的节日食品在丰富人们生活的同时营造了浓厚的节日氛围，也是重要的民俗风情。除了家常便饭之外，人们在重要的时刻，比如红白事情上要用酒席待客、穷人家常以一碗烩菜待客，俗称菜菜儿;富贵人家则用酒席待客。酒席在古代一般最少上八盘，叫“八盘子”，其次为“十三花”，荤素搭配，色香味俱全，寓意吉祥。秦安肚丝汤、丸子汤、鱿鱼汤为最经典的三个汤，一般酒席上都具备。这三个汤和糟肉、扣肉、红烧肉也是百姓逢年过节时喜食的食品。

四是喜食山野菜，秦安境内的居民对山野菜情有独钟，除前面介绍过投酸菜用的苦苣、荠菜之外，苜蓿、蒲公英、槐菜、灰苕、箭箭扫帚、洋槐花、香椿、花椒叶子等都是人们喜欢食用的野生植物，这些随处可见的植物经过秦安人民的灵心巧手，成了各类美味的食物，丰富了人们的餐桌，增添了生活情趣。

五是喜食凉粉、酿皮、滴糊儿、荞面煎饼等各类小吃，其摊点常常人满为患。秦安人喜食荞面凉粉，凉粉以醋或浆水调制，酿皮子则讲究皮薄柔韧劲道，佐料以油泼辣子、蒜泥加各类调味品，味道醇厚，具有浓郁的地域特色。

总之，经过数千年积累的秦安地域饮食文化，所包含的内容十分博大庞杂，并非寥寥数语所能言及，并且，随着全国经济的全面发展，传统种植业逐渐退出秦安历史舞台，各类传统食材亦不多见，许多具有地域特色的食物和吃法都成为渐渐老去的一代人的遥远记忆。《秦安特色名小吃》一书，作为对秦安地域饮食文化的一次初步探究和整理，其意义是开创性的，但并不能概括秦安所有的饮食，对秦安饮食文化的研究和发掘还需付出更大的努力。由于我本人对秦安饮食文化知之甚少，所见所知也十分浅陋，还望方家指正为盼！

是为序。

秦安县地方志办公室　李雁彬

前　言

秦安县情概览

秦安县貌

秦安县位于甘肃省东南部，天水市北部，渭河支流葫芦河下游，属陇中黄土高原西部梁峁沟壑区，山多川少，梁峁起伏，沟壑纵横，是全国扶贫开发工作重点县之一。县辖 17 镇，428 个行政村，8 个社区，总面积 1604 平方千米，总人口 61.8 万人。

人头形彩陶瓶

近年来，在甘肃省委省政府和天水市委市政府的正确领导下，秦安县委、县政府认真学习贯彻党的十九大精神和习近平新时代中国特色社会主义思想，全面落实习近平总书记系列重要讲话和视察甘肃时“八个着力”重要指示精神，牢牢扭住全面建成小康社会的奋斗目标，主动适应新常态，积极应对新变化，抢抓政策机遇，把握工作重点，以脱贫攻坚为主线，以项目和科技为支撑，以提高人民生活水平和生活质量为目的，深入实施“11132”发展战略，做大做强特色农业、县域工业、文化旅游、商贸流通四大产业，加强基础设施、生态环境和小城镇建设，大力发展社会事业，着力保障和改善民生，促进了全县政治、经济、文化、社会和生态文明建设的全面进步。秦安县先后荣获“全国科技工作先进县”“全国经济林建设先进县”“全国经济林产业示范县”“中国果业发展百强优质示范县”“全国文物工作先进县”“全国中医药工作先进县”“全国劳务输转工作先进县”“全国平安建设先进县”“全国‘五五’普法中期先进县”“全省双拥模范县”“甘肃省文明县”等称号。

文化底蕴深厚，旅游资源开发潜力巨大。秦安古称成纪，素有“羲里娲乡”之称。县内有大地湾、兴国寺、文庙大成殿等3处国家重点文物保护单位，已发现仰韶、马家窑、齐家文化等新石器时代文化遗址68处，省、市、县级文物保护单位72处。秦安历史上就是古“丝绸之路”的要冲,三国时期的街亭战场就在县内陇城一带。这里名人辈出，飞将军李广，前秦王苻坚，诗仙李白，明朝山东巡抚、著名书法家胡缵宗，清代“陇上铁汉”安维峻等历史人物的祖籍或出生地都在秦安。

大地湾遗址

秦安凤山

气候条件优越，林果产业发展势头良好。秦安日照充足，土层深厚，昼夜温差大，特别适宜瓜果生长，是我国北方主要果椒生产基地之一，秦安蜜桃、秦安花椒、秦安苹果获国家地理标志产品保护，果椒生产蕴藏着巨大的发展潜力。秦安县先后被命名为中国名特优经济林桃之乡、中国苹果之乡、中国花椒之乡。

桃花会　　秦安蜜桃

交通条件便利，地理区位优势日益凸显。秦安是天水的北大门，天巉公路、靖天公路纵贯南北，泾甘公路、叶莲公路横贯东西，已成为连接陇东、陇南、兰州及西安的交通枢纽。城市建设步伐加快，城市人口增长较快，城市功能初步完善，人居环境明显改善，葫芦河生态公园、凤山生态公园相继建成，对周边地区形成了较强的辐射力、吸引力和带动力。宝兰客运专线的建成，平天高速的启动实施使其交通区位优势更加明显。全县等级公路总里程达 1511 千米，17 个镇和 428 个村全部实现通油通畅。

商贸流通活跃，城乡市场体系逐步完善。秦安自古为商埠重镇，20 世纪初，秦安“货郎担”就走遍大江南北，民间商贸活动十分活跃。街面店铺遍布城乡，乡镇集市规模化发展，秦安·中国西部小商品城初步建成，电子商务正在兴起，以小商品市场为龙头的城乡市场流通网络初步形成，已成为陇东南地区规模化小商品集散地之一。商贸流通业已成为秦安第三产业的重要支柱、安置劳动力的重要渠道。

人力资源丰富，劳务品牌建设富有成效。秦安是人口大县，人均耕地面积小，劳务经济成为农村群众重要的收入来源，秦安人靠吃苦耐劳、勤劳朴实的精神，成功打造了“大地湾建筑工”“羲皇保安员”“秦安名厨师”“成纪服务员”“娲乡家政

高铁站

妹”等劳务品牌，逐步实现由人口大县向人力资源强县的转变。

今日的秦安，是开放的窗口，创业的沃土，旅游的胜地。这里历史悠久，人杰地灵；这里商机无限，潜力巨大；这里环境宽松，社会和谐。走进新时代，奋进新目标，勤劳智慧、朴实诚信、热情好客的秦安人民真诚欢迎海内外客商寻根问祖、观光旅游，殷切期待有识之士投资建设，共谋发展。

主编简介

陈强，男，汉，出生于1975年1月，秦安县西川镇张坡村人，现为秦安县职业中等专业学校烹饪专业教师。1996年8月参加工作，一直从事烹饪专业的理论和实践教学，现为中职讲师，省级技能大赛优秀指导教师，天水市第六国家技能鉴定所考评员。

他从事烹饪专业教学20余年，经过精心实践和钻研，对秦安小吃有了一套独特的制作方法，其制品色、香、味比较考究，口感清爽，颜色亮丽，味道纯正。擅长制作的小吃有酸辣肚丝汤、鱿鱼汤、烫面油饼、麻腐饼、炒煎饼、葫饼、地软包子等。

本书简介

本书比较详细地介绍了秦安小吃的制法，又添加了制作小吃的注意事项，同时对部分小吃的历史渊源以及传说故事也做了一些挖掘整理。让读者通过阅读此书，能制作出比较像样的秦安小吃。在编写时，我们尽量做到图文并茂，让读者易学、易懂、易掌握。此书既适用于中职学校的教学，也适用于餐饮工作者烹饪时参考学习。

本书所写的小吃，只是秦安的部分名特优小吃，不能代表全部，希望能起到抛砖引玉的作用。由于编者水平有限，错误在所难免，希望广大读者批评指正。在这里要感谢教育局宋侃局长对于编写方面的帮助，感谢学校领导的大力支持，感谢秦都明月酒楼厨师长马正赟对文字的订正，以及秦融宾馆总经理李永杰提供的部分秦安名特优小吃的照片。

目　录

1 酸辣肚丝汤

简介

秦安县历史悠久，这里孕育了举世瞩目的大地湾文化，是中华文明的重要发祥地之一。饮食文化，知名陇上。秦安酸辣肚丝汤酸而不苦，辣而不烈，咸而不涩，三味相平，成品汤色黄亮。肚丝汤之所以能成为秦安的一道独特小吃，其关键原因是秦安水质的特殊性，用其他地方的水烧制的肚丝汤远没有秦安肚丝汤好喝。远在兰州、天水等地的美食家不远百里来秦安汲水，就是为了喝上酸辣可口、风味独特的秦安肚丝汤。

明清时期，随着经济、文化事业的发展，秦安的饮食业有了较大发展，烹调技术也达到了较高水平，并形成独特风格。当时秦安张之存、冯国安两位烹饪大师研制的秦安风味名吃酸辣肚丝汤，堪称秦安一绝，其选料精细，刀工讲究，口味独特，醒酒开胃，暖身驱寒，深受当地群众和外来商客的青睐。

2010 年 12 月，秦安酸辣肚丝汤制作技艺入选天水市非物质文化遗产保护名录。酸辣肚丝汤在 2015 年 7 月羲皇故里风味冷餐展示赛中被甘肃省饭店协会认定为甘肃名小吃。

用料

猪肚 200 克，煮肉香料 100 克，木耳 10 克，玉兰笋 10 克，菠菜 10 克，干红辣椒 5 克，淀粉 5 克，盐 5 克，白酒 5 克，味精 2 克，鸡精 5 克，胡椒粉 2 克，酱油 10 克，香醋 30 克，高汤、香油 5 克，香叶、小茴香、草果、花椒、八角、桂皮、葱、姜、蒜少许。

做法

（1）反复清洗猪肚。加入盐和醋反复搓洗猪肚，去掉肥油，再用清水洗干净。

（2）锅中加入花椒、八角、桂皮、香叶、小茴香、草果、葱、姜、蒜等香料，将猪肚煮熟待用。

（3）切配：将猪肚切成两毫米细、三厘米长的丝，木耳、玉兰笋、菠菜、干辣椒切丝，葱、姜、蒜切末（图 1、图 2、图 3）。

图1

图2

图3

（4）将猪肚丝和配料焯水，捞出待用。

（5）将葱、姜、蒜和干辣椒丝在锅中煸香，用醋炝一下锅，加入提前备好的高汤，烧开后，加入猪肚丝、配料及各种调味品，酸辣味调制好，用酱油调好色，汤沸腾后，撇去浮沫，用淀粉勾玻璃芡，最后淋上香油即可。

要领

（1）猪肚丝要细长，不能粗细不一。

（2）汤要清澈透明，不能浑浊，不能久煮。

（3）酱油主要用来调色，要晚些放。

（4）醋要酿造的香醋，否则醋香味不浓郁。

特色

汤色黄亮，酸辣爽口，风味独特（图4）。

图4

鱿鱼汤

用料

鱿鱼片 200 克，木耳 2 克，蛋皮 5 克，鸡汤、盐 5 克，料酒 5 克，胡椒粉 2 克，鸡精 5 克，味精 2 克，香油 2 克。

做法

（1）先将干鱿鱼在清水中浸泡 12 小时，待泡软，盆中加鱿鱼发剂，用开水化开，再加入适量凉水，将配制好的碱溶液搅匀，把鱿鱼放入，浸泡 10 小时左右，涨发好后，再加入凉水稀释碱溶液，继续浸泡 2 小时。

（2）将涨发好的鱿鱼去掉软骨和黑膜，用斜刀法片成宽 2 厘米、长 4 厘米的薄片待用。

（3）锅中加水，烧至 70℃左右，倒入鱿鱼片，加入少许碱面，水温保持在 70℃左右，不断搅动，去掉碱味，捞出鱿鱼片，浸泡在清水中。

（4）葱姜炝锅，加入鸡汤，加入咸鲜味调味品，勾玻璃芡，最后加入鱿鱼片及配料，滴入香油即可。

要领

（1）鱿鱼浸泡时间不可过长或过短，时间过短则质感生硬，时间过长则质感软烂。

（2）去碱味时水不可过于沸腾，否则肉质发硬。

（3）汤味道定准后方可放入鱿鱼片，否则质感发韧。

（4）片鱿鱼时，切片要薄，不可厚。

特色

鱿鱼爽滑脆嫩，汤质白净，咸鲜味浓（图1）。

图1

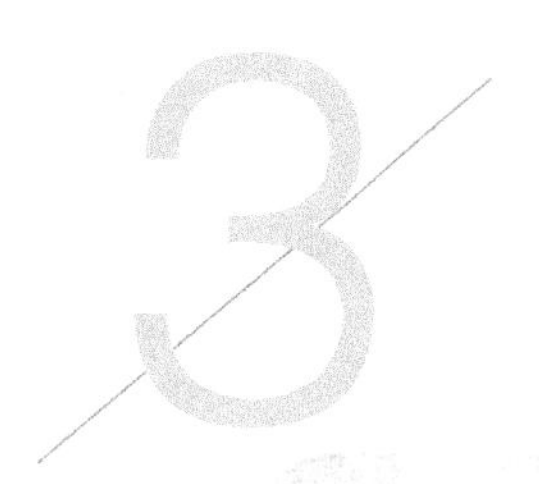

杂烩汤

用料

肉馅200克，干辣椒丝5克，木耳20克，玉兰片20克，菠菜20克，鲜汤、盐5克，醋15克，酱油5克，料酒5克，胡椒粉2克，鸡精2克，味精2克，香油2克，淀粉、鸡蛋、调和面适量。

做法

（1）制作丸子：将绞好的肉馅（三分肥七分瘦）加入盐、白酒，少许鸡精、调和面、鸡蛋、淀粉，搅拌均匀，锅中加油，烧至七八成热，用手将肉馅抟成大小一致的丸子，炸至金黄色即可捞出（图1）。

（2）制作夹沙：将鸡蛋和湿淀粉按一比一的比例搅匀，在平底锅中摊成圆形的蛋面皮（起粘连作用），在蛋面皮上抹上较稠的湿淀粉，再抹上一层薄的肉馅，肉馅上再抹上湿淀粉，上面再放一张圆形的蛋面皮压实，切成菱形块，炸至金黄色即可（图2）。

图1

图2

（3）锅中加少许油，炝入干辣椒丝，葱姜蒜末，再加入配料木耳、玉兰片、菠菜、加入鲜汤、盐、酱油、料酒、鸡精、胡椒粉、醋，调制成浅红色，咸鲜味浓，带酸辣的汤汁用湿淀粉勾芡，撇去浮沫，加入香油即成。

要领

（1）肉馅要新鲜，肥瘦比例要恰当。

（2）丸子不要太大，夹沙不要太厚。

（3）味型要调准，芡汁浓稠要适当。

（4）酱油要后放。出锅之前放入菠菜。

特色

汤汁黄亮，酸辣爽口，丸子酥嫩（图3）。

图3

鸡脯汤

简介

鸡脯肉中蛋白质、脂肪和磷脂含量较高，味道鲜美至极，同时鸡肉有益五脏、补虚健胃、强筋壮骨、活血通络等作用，更是减肥塑身不错的食物选择。

用料

鸡脯肉 200 克，木耳 20 克，玉兰片 20 克，菠菜 20 克，盐 5 克，鸡精 5 克，味精 2 克，胡椒粉 2 克，香油 2 克，淀粉 5 克，葱姜适量。

做法

（1）将鸡脯肉顺着横纹方向切成薄片，加盐、料酒腌制。加蛋清、淀粉搅打上劲待用。

（2）锅中加色拉油，将油温加至三四成热，滑散鸡脯，色变白即可。

（3）净锅加入色拉油，炝锅，再加入汤，加入调料及主配料，勾玻璃芡，淋香油即可。

要领

（1）要顺着鸡脯肉横纹方向切，要薄。

（2）蛋清浆要搅打上劲，不能脱浆。

（3）滑锅要热锅凉油，色要洁白。

（4）咸鲜味要调制好。

特色

色泽白、绿、黄、黑相间，鸡脯肉口感滑嫩，汤汁鲜美（图 1）。

图1

秦安辣子面

简介

兰州人说自己的清晨是从一碗牛肉面开始的，秦安人微微一笑，慢悠悠地说："稿（我们）是从辣子面开始的。""辣子面"还能当早餐。秦安大多数人一天不吃辣子面就感觉心里空落落的。不管是县城里的人们还是乡下来赶集的人们，都会去辣子面馆吃上一碗热气腾腾的辣子面，配上调制的醋汤或者浆水汤，那才叫过瘾哩。

辣子面最早叫杠子面，柔软光滑，香辣爽口，价廉味美，现在都改为清一色的机器面。原新马路口，即现在的成纪大道十字路口，过去有一排排被卤猪肉油熏得发黑的老铺子，那才是秦安辣子面馆的老地方，各家卤肉馆都有辣子面。随着城市的建设，老铺子都已被拆除，许多老字号都消失了，人们觉得可惜的就是如今无法遍尝当年秦安最有名的几家老字号了。

用料

面粉 200 克，油泼辣子 10 克，香醋 5 克，精盐 5 克，姜丁、葱花、芫荽、胡麻油适量。

做法

（1）将面粉团成絮状，用杠子压揉面团，将面团擀成片，切成麦秆细或韭叶宽的面条（图 1）。

图1

（2）清水煮熟，柔软适度，不黏不糊。

（3）调上油泼辣子、醋、精盐、生抽、姜丁、葱花、芫荽等，别有风味（图2）。

图2

要领

（1）用带少许碱的热水，把特等精白面粉团成絮状，再用杠子压在一起。压法：在案板上钉环，把杠子的一端套在环上，另端人用力往面上压，经反复挤压，直到面团光亮为止。面压得时间越长，柔劲越好。然后将面擀成均匀的大薄圆片，切成麦秆细或韭叶宽的面条。

（2）选用当地红辣椒，辣子油气大，晒干后味道绵长，辣而不烈。用石臼捣细，加上佐料，泼上上等胡麻油。

（3）锅内煮熟，捞入碗中，柔软细长，调上用大香、花椒、小苗香配制成的油泼辣子，再调上香醋、姜丁、葱花、芫荽、精盐等，酸辣可口，别有风味（图3）。

在寒气逼人、大雪飘飞的冬天，辣子面馆红红火火，顾客盈门。

图3

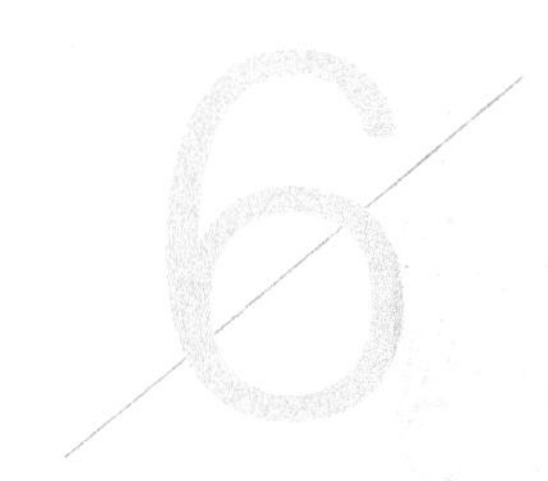

烫面油饼

简介

烫面油饼的优点是面团筋力很小，所以擀制时很容易成型，同时油饼的层次薄而均匀，由于是热水和面，烙熟的油饼非常软，是一道老少皆宜的面食。

用料

面粉 300 克，开水 200 克，五香粉 20 克，盐 5 克，蒜泥、菜籽油适量。

做法

（1）将面粉放入盆内，慢慢加入开水，一边加一边用筷子慢慢将面粉搅拌成小面絮，待凉后，搓成光滑的面团，盖好，醒十分钟（图 1）。

（2）将烫好的面团放在面板上，撒点干面粉搓揉均匀，用擀面杖将面团擀成长方形面片，撒上五香粉、盐并涂抹均匀，从一头卷起，卷成长条（图 2）。

图1

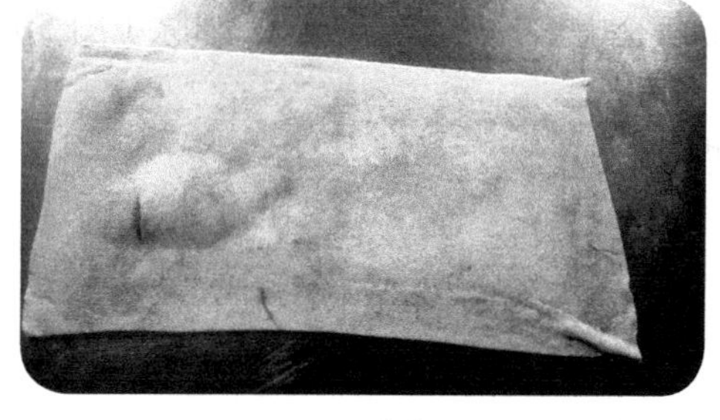

图2

（3）将长条分成大小均匀的剂子，收口朝上，压平，擀成大薄圆片即可（图 3）。

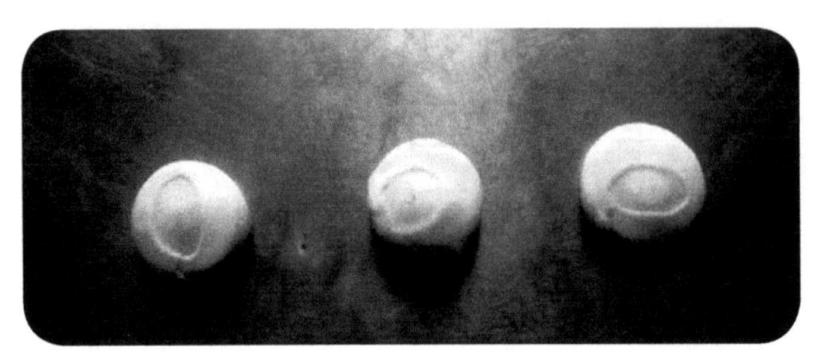

图3

（4）锅内放入菜籽油，待热后放入面饼，一面煎至上色后再煎另一面，色泽金黄即可（图 4）。

图4

特色

色泽金黄，酥中软糯，口感细腻（图 5）。

要领

（1）热水要浇匀。

（2）洒冷水揉面。

（3）要将面团中热气散尽。

（4）不要炸太久，以防油饼过干。

图5

麻麸饼

简介

大地湾麻麸饼以酥香可口，麻子味独特享誉西北五省。要吃上比较考究的麻麸饼，其主佐料的搭配十分重要。主料主要是内瓤饱满、颗粒较小的小麻子和当年收割的新麦面粉。只有这两种主料搭配，方能做成真正意义上的大地湾麻麸饼。

用料

麻麸 500 克、葱花 20 克、五香粉 5 克、精盐 5 克、蒜泥适量。

做法

（1）锅中加油烧热，将麻麸入炒锅炒出香味，加入葱花、五香粉、精盐提味（图 1）。

图1

（2）将发酵好的面团揉匀擀成面饼，两块面皮中间抹上调制好的麻麸，均匀抹平，用不锈钢盆将面饼压成圆形，周围压合在一起，用手捏成花纹状（图 2、图 3）。

图2

图3

（3）入锅煎至两面金黄，切成瓜瓣状并拌油泼蒜泥，即可食用。

特色

酥香可口，麻子味独特（图 4）。

图4

荞麦煎饼

简介

荞麦其貌不扬，营养价值极高。荞麦食品在当今时代之所以能吸引人，是因为它的营养价值和保健功能。它食味香而醇，容易煮熟，也极容易消化。

秦安传统炒煎饼是一道传统民俗小吃，味道醇厚颜色好，营养丰富口感佳。主要食材是荞麦面，一般佐以青蒜、菠菜、大蒜汁，升级版的可以加些猪大肠，味道更佳。

用料

小麦精粉 300 克、荞麦面粉 200 克、盐 5 克、干辣椒 20 克、韭菜 50 克、葱适量、蒜适量。

做法

（1）将秦安本地产的优质冬小麦精粉和荞麦面粉按个人喜好比例调成糊状（小麦精粉和荞麦面粉比例可以是 6∶4，也可以是 4∶6，荞麦面粉多则荞面味道浓郁，但不好去皮），放一小勺盐。先倒入一半的水，用筷子将面粉搅拌成非常柔软的面团。再一点一点加水，边加水，边用筷子顺时针搅拌，拌成流动面糊即可（先少加水，搅拌至没有小面疙瘩后，再加水，调至稀稠得当即可）。

（2）将拌好的面糊，静置 10 分钟（图 1）。

（3）平底锅中倒少许胡麻油，用油布擦匀，盛一勺面糊倒入锅里，旋转锅面使面糊均匀流动，糊满锅面（图2）。

图1

图2

（4）稍微调大火候，让表面的面糊凝固，翻面，烙至表面焦黄即熟（图3）。

图3

（5）继续烙下一张，四五张饼可做一锅炒煎饼。

（6）韭菜切段，干红辣椒切丝，葱蒜切碎。

（7）另起一锅，倒入胡麻油，油热，放入葱姜碎炒香，再放入辣椒丝、韭菜，翻炒几下即可。

（8）放入煎饼丝，上下搅拌几下，关火，盖上锅盖焖一两分钟。因为煎饼很软，不需要炒太久，焖一会儿即可（图4）。

图4

甜醅

简介

莜麦是一年生草本植物。生长期短，成熟后籽实容易和外壳脱离，磨成粉后可食用，就叫莜麦面，也叫裸燕麦面，又叫油麦面，这种植物的籽实也叫莜麦。科学证明，莜面富含八种氨基酸，微量元素、亚油酸、膳食纤维等含量居五谷之首，莜麦中维生素 E、维生素 B、维生素 H 的含量很高。其营养价值可观，在减肥、降血脂、降血糖等方面具有很好的治疗保健作用，集保健、营养于一身，老少皆宜。

秦安甜醅是一种美味香甜、酒味甘醇的甜食品。它的制作过程是将优质冰糖色白小麦在石碾上舂皮后，淘净、煮熟、晾干，在不同的季节，掌握一定的温度，用名酒曲配合发酵约 36 小时后即可食用。发酵工艺以曲子为主，关键在于掌握温度，发酵时反应生成的甜醅酒可谓稀罕之物，不仅味道甜美，而且营养价值极高。在炎热夏季，农村人习惯将发酵好的甜醅加水烧开，再放入中草药，如甘草，置阴凉处降温，每当收割、扶犁归来喝上一大碗清凉香甜的甜醅汤，不仅可以消除疲劳，还有活血健胃、止渴解暑之功效。

用料

莜麦 500 克、酒曲 5 克、凉开水 100 毫升。

做法

（1）用水将莜麦子淘洗干净，浸泡30分钟左右（图1）。

图1

（2）入锅中煮至八分熟（注意不要煮破）。

（3）捞出沥干，搅拌使温度降至40～50℃（用手摸有微热感）。

（4）拌入酒曲（希望酒味浓就多放酒曲，希望酒味淡就少放酒曲），然后加入100毫升凉开水，搅拌均匀（加入凉开水是为了湿润，让酒曲更好地发挥作用，一定不要加太多）。

（5）将拌好的莜麦子装入坛子或盆中，用保鲜膜包住坛/盆口，上面再盖上一个薄毯子，放置于温度30℃左右的环境中30小时以上。

（6）发酵时间到后，打开闻闻是否有酒味，再尝一下（上面和下面都尝一下），如果希望口味重就多发酵一段时间，冬天气温低的时候也需要适当延长发酵时间（图2）。

图2

（7）烧一锅开水，将发酵好的莜麦子倒入锅中稍微煮一下（这样做是为了阻止继续发酵），如果喜欢口味更甜一些，可以再加一些冰糖，待凉后放入冰箱，可冷藏7天左右（图3）。

图3

要领

（1）一定要用莜麦子，这才正宗。用糯米硬度够，但甜度不够；用大米很甜，但口感不好；用小麦、青稞糯度不够，麦皮厚，有点呆板。用莜麦子甜度够，有嚼劲，尤其是咬开外面薄薄的麦皮，里面是甜甜的麦汁，非常美味。

（2）制作过程中注意所有的容器无油，也不要沾生水，最好提前经高温消毒。

10 搅团

简介

搅团是中国西北地区的汉族农家小吃。搅团要 360 度地搅。做搅团一手端面粉，一手拿擀面杖，把面粉均匀地倒入开水锅里，同时不停地搅拌，搅至没有干面粉为止，然后注入一定量的开水，用擀面杖划成一团一团的，待烧开冒泡时，用力搅拌，直至均匀无小颗粒。第二次注入开水加热，待熟后，最后一次搅匀，一锅搅团就做成了。醋水好，搅团香，吃搅团做醋水也挺讲究的，醋水要有香油、辣椒、蒜泥、姜末、芝麻等。搅团，在 20 世纪六七十年代可以说是农家的救命饭。那时，农民的口粮标准低、粗粮多。农家几乎每顿饭都不离搅团。原因是搅团含水量大，少量的面粉可以做出大体积的食物，用以充饥；搅团是用高粱面、玉米面做的，与醋水一块吃，掩盖了粗粮的缺陷，口感好，又增强食欲。

搅团大都是由家中主妇来搅，搅一阵小歇时，舀一勺向空中一提，欻地，在气雾中就会看到一条溜滑溜滑的蛇线穿雾直下，在旁观者的眼中，那蛇线好似一种劳动成果的展示，而实际上呢，那只是妇人在试看搅团的“软硬”。只有软硬稀稠合适，搅团才越搅越光，越搅越筋道。所以，在那时有一种说法，即：谁家娶的媳妇儿贤不贤惠，要看看她打的搅团光不光或筋道不筋道。

搅团做法单一，但吃法众多，甚至可以花样翻新。最普通的吃法是趁热盛一团入碗，加入酸汤，夹一筷子油泼辣子，顺汤搅匀，然后从碗边开始，夹起一块，汤里一撩送入口中。酸汤种类很多，最地道的要数用萝卜缨渍的酸菜做的汤，萝卜缨本算不得菜，烧、炒、煸都入不了口，可腌制成酸菜，特别是配搅团吃，增色，爽口。搅团软和，除了煎汤热吃，还可凉调冷拌：热搅团出锅，摊晾于案板，待冷却定型，用刀切成薄条，像拌凉粉一样，酸辣咸香。这种凉拌搅团，是饭，也可充当菜。最相宜的是玉米糁就搅团，稠稠一碗玉米糁上，堆起一堆调满汪油红辣子的凉拌搅团。

用料

玉米面 500 克、小麦面 100 克。

做法

（1）左手抓玉米面一边向锅中慢慢撒下的同时，右手拿一根棍或勺子在锅里用力搅，要朝一个方向均匀搅，不要让面结成生面块，无面疙瘩方可。玉米面撒完后，再用同样的方法撒上小麦面，俗话说，搅团要好，搅上百搅，越搅拌次数越多，做出来的搅团就会越好吃（图 1）。

（2）搅拌过程中，用中火（图 2）。

图1

图2

（3）评判做成的半成品搅拌稀稠度可以筷子离锅约 15 厘米，而慢慢向下流动的搅团不断线为宜，或是用大铁勺子插进搅团中间不倒为决定条件。也可根据自己的喜好决定。

（4）待搅拌的面糊稀稠均匀，没有疙瘩时，小火烧，要时时搅拌或是转锅，切记不可粘锅冒烟（图 3）。

图3

要领

（1）搅拌要用力。

（2）将搅团搅至糨糊状，继续加热少时即可。

（3）不能用白面搅，不过可以在杂面中加入少许白面，以调味。

秦安老点心

用料

中筋粉 1000 克、菜籽油 200 克、水 100 克、白糖 100 克、花生仁 50 克 、熟芝麻 20 克、玫瑰酱 20 克、桔丁 20 克、葵花籽仁 20 克、熟面粉 200 克、色素 5 克、冰糖 50 克、青红丝 5 克。

做法

（1）做干油酥。先将面粉加油脂拌和，再用双手的掌根推擦均匀。在制作过程中先要掌握配料比例，面粉与油脂比例为 2∶1。要反复揉擦，掌握好干油酥的软硬度，保鲜膜盖 20 分钟。

（2）做水油面。将油与水同时加入面粉中炒拌，然后揉成面团（一般情况下面粉、水、油比例为 1∶0.4∶0.2），要反复揉搓揉匀揉透，保鲜膜盖 30 分钟。

（3）包酥。先将干油酥包入水油面内，收口后按扁，擀成长方形面片，从一面向另一面卷拢，按扁再擀开，将擀开的面片一叠一层，再叠三层，反复三次，有 27 层即可，保鲜膜盖 20 分钟，然后卷起，分成大小适宜的剂子，按扁即可。保鲜膜再盖 30 分钟（图 1）。

（4）先将面粉蒸热，用擀面杖擀开，用筛子过一下，放凉备用。花生仁炒熟，搓掉皮，擀压碎。将菜籽油炼熟，用水和油将面粉拌和均匀，用水调节软硬度，将白芝麻炒熟加入桔丁、青红丝、玫瑰酱拌和均匀（图 2）。

图1

图2

（5）将馅心捏成大小一致的剂子，包入皮里，收口朝下，粘上黑芝麻，点上图案即可（图3）。

（6）烤箱预热，170℃，烤15分钟（图4）。

图3

图4

要领

（1）水油面与干油酥的比例须适当，烤制（1∶1），氽制（6∶4）。

（2）起酥时，两手用力要适当，厚度要一致。

（3）起酥后坯子应盖一块湿布，防止起壳。

特色

外皮松酥，馅心松软，口味香甜（图 5）。

图5

荞面油圈圈

简介

荞面油圈圈有其他食品所不具有的芳香甘味，吃起来清香可口。荞面含有对人体有益的钙、磷、铁、镁、钾等微量元素，以及丰富的维生素 B1、B2、E、P、C，其含量都高于其他粮食作物。人体必需的赖氨酸、精氨酸、烟酸、油酸和亚油酸含量也很高。所以荞面被人们誉为益寿食品、长寿食品。

用料

胡麻油 1000 克、荞麦面 500 克、小苏打 5 克、白面酵头 50 克。

做法

（1）将荞麦面粉用开水烫（刚开的水，要不就不甜了）后搅拌均匀，放置一个晚上。

（2）第二天用温水将白面酵头冲开。

（3）锅内倒入胡麻油，加热。

（4）取适量发好的荞麦面团，揉圈（图 1）。

（5）油熟了放入荞麦圈，变色后即熟（图 2）。

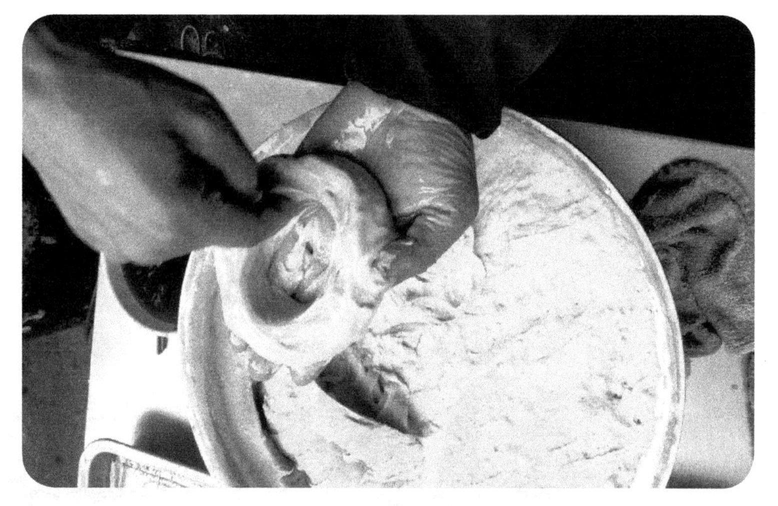

图1

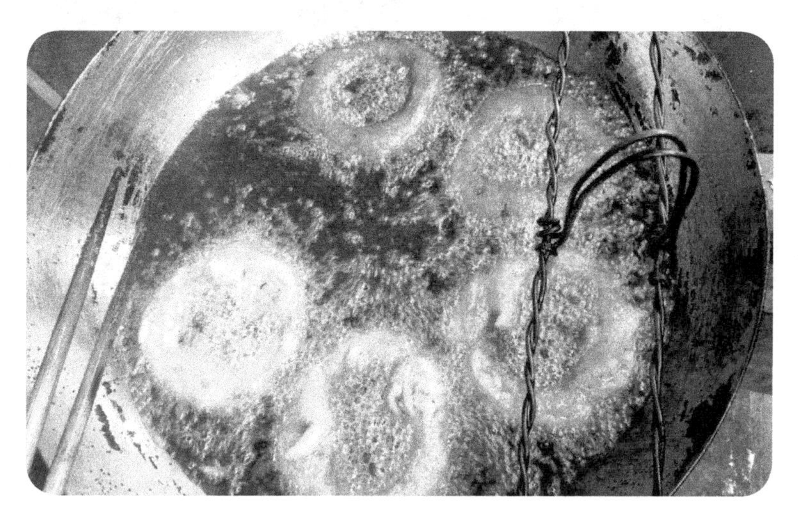

图2

要领

（1）一定要用胡麻油做才好吃。

（2）不用加糖，荞麦面本身就有甜味。

特色

其形如镯环，色如蟹肉，味带天然之香甜，松软可口，营养丰富，老少皆宜（图 3）。

图3

13 荞面凉粉

简介

荞麦普通平凡，其本质属性是充饥，而能把它提升到一个更高境界的，那就是文化的力量了。荞面凉粉取了荞麦的精华，它的营养价值更高，更有利于身体健康。

用料

荞麦珍子 1000 克、水 1000 克、蒜 50 克、精盐 5 克、香油 2 克、香醋 10 克、芝麻酱 50 克、味极鲜酱油 5 克。

做法

（1）用水把荞麦珍子淘净，泡 1 小时左右（图 1）。

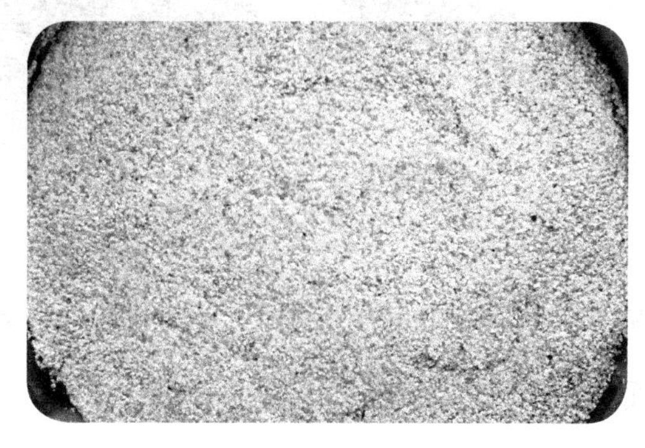

图1

（2）将泡好的荞麦珍子用石磨磨成浆，再加入适量水，搅匀成面浆。

（3）用细筛箩过滤一下，把渣过滤掉（图 2）。

图2

（4）再加适量水成浆，下锅边烧火边搅拌，熟后为膏状，要用筷子快速顺着一个方向，不停地搅动面糊。

（5）大火搅到面团内没有面疙瘩时，再转中火搅至面团起泡（图 3）。

图3

（6）再把搅好的面团盖上锅盖，调小火焖 10 分钟，焖熟需要 1 个小时。

（7）把焖熟的荞面团，用汤勺舀到一个盆里，晾凉。

（8）然后把晾凉的荞面块取出，倒扣在案板上，用刀切成 3 毫米厚的长条，这样荞面凉粉就做成了（图 4）。

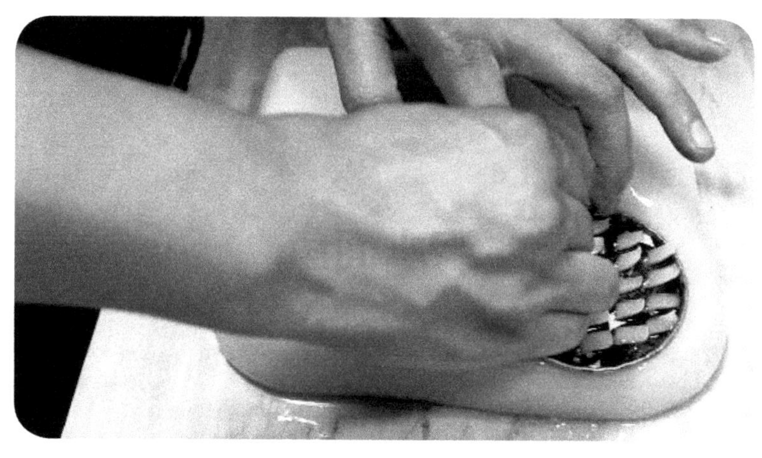

图4

（9）盛入碗中，调入油泼辣子、芝麻酱、醋、酱油、蒜水、精盐等佐料，吃起来往往使人胃口大开（图5）。

图5

14 浆水面鱼

简介

面鱼也叫滴胡儿、漏鱼，还有些地方叫粉鱼。在秦安，几乎家家都会做。在炎热的夏天，面鱼是秦安人的必备时令美食。在秦安，面鱼分成两种形式。一种是醋面鱼，就是用西红柿、胡萝卜和豆腐等炒成臊子，和面和在一起，吃的时候再调上醋、辣椒等佐料，最好加点蒜泥，那就更美味了。还有一种是浆水面鱼，秦安的碱水发酵出来的浆水具有独特的风味，无论是久居秦安的人们，还是在外的游子，都对这口浆水魂牵梦绕。浆水面鱼，就是把自己制作的浆水经过炝炒后加入面鱼中，再把绿油油的韭菜炒成小菜，拌在一起，那滋味真的是美极了，这种吃法还有清凉解暑的作用。

用料

玉米面 500 克，水 500 克。

做法

（1）先将锅烧热，再用油刷在锅上刷一层薄薄的菜籽油，以防止粘锅。

（2）等锅里的油开始冒烟加入水。水开了，一手往锅里撒面，一手拿擀面杖或木勺顺着一个方向搅拌。一直搅到稀稠均匀后，再盖好锅盖焖 20 分钟左右，中间搅拌一两次即可。

（3）最后，拿漏勺将面鱼漏到早已盛好的凉水里，一个个拖着长长的尾巴，像极了游动的小鱼（图 1、图 2）。

图1　　图2

（4）吃的时候，把面鱼从凉水里捞出沥一会，再浇上想要的汤汁，调上油泼辣子和蒜，一碗凉爽可口的面鱼就算是做好了（图 3）。

图3

15 杂粮面

用料

小麦面粉 500 克、小米面 30 克、玉米面 30 克、荞面 30 克、豆面 30 克、莜麦面 30 克、水 1000 克、食盐 5 克。

做法

（1）将所有面粉混合，加盐，加水，和成硬面团。揉匀后醒面 30 分钟。若时间足够，可以再揉一次，再醒 30 分钟。

（2）醒好的面团开始擀面条，面皮尽量擀薄，擀的时候要撒干面粉防粘（图 1）。

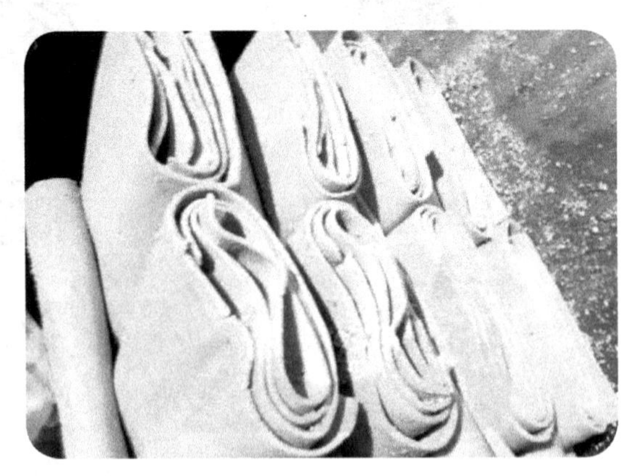

图1

（3）擀好的面皮折叠，然后切成面条，宽窄随意。

（4）切好后撒点干面粉或细玉米面防粘。

（5）锅中加水，放入切好的土豆条，煮熟后，加入切好的杂粮面条，待熟后，再加入秦安浆水和盐，一碗热乎乎的杂粮面就出锅了。吃时再配以韭菜，味道更好（图 2）。

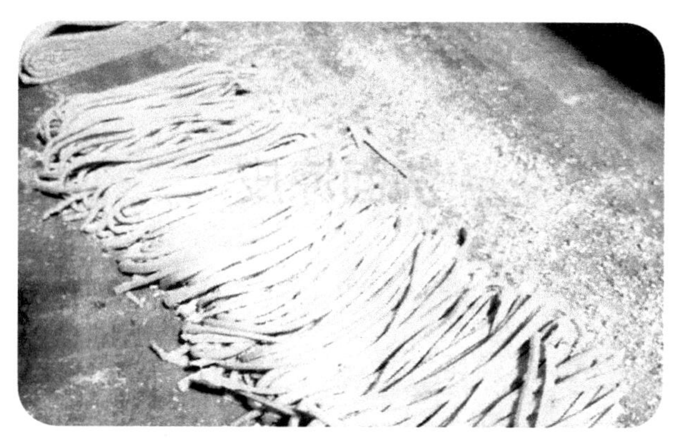

图2

要领

虽说是杂粮面，但其实主要材料还是小麦面粉，单是粗粮面，没有面粉的筋道，这面条是做不成的，杂粮的种类随意，但总量最好不要超过小麦面粉的三分之一。吃过手擀面的人一定明白，吃面最少不了的，还有那碗热乎乎的面汤（图3）。

图3

16 洗面凉皮

用料

面粉 1000 克、豆芽菜 50 克、大蒜 5 瓣、清水适量、盐 5 克、油泼辣子 20 克、油 50 克、酱油 5 克、五香粉 5 克、醋 20 克、芝麻酱 10 克、香油 5 克。

做法

（1）面粉里加入水，慢慢揉匀，揉成面团盖上保鲜膜或湿布醒 1 小时（图 1）。

（2）盆里加入足够的清水，把面团慢慢放在水里揉捏。

（3）清水慢慢变白，继续揉捏，洗面。

（4）洗 20 分钟左右，面水颜色变得更白，洗出面筋（图 2）。

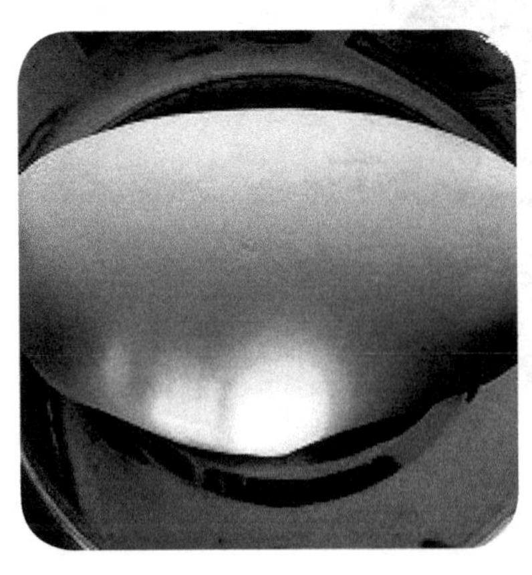
图1

图2

（5）洗好的面筋捞出，放在碗里，上锅蒸半小时。

（6）洗好的凉皮面糊静置 2 小时以上，此时凉皮面糊分离成 2 层，上层清水，下层面水，把上层清水倒掉（图 3）。

（7）凉皮锣刷一层薄油。

（8）舀一勺面糊倒入凉皮锣。

（9）慢慢把面糊在凉皮锣里均匀摊开。

（10）锅里提前烧一锅开水，把凉皮锣放入热水里开始蒸凉皮。

（11）盖上锅盖，全程大火，约 2 分钟，表面冒大泡，盖上锅盖再焖半分钟到 1 分钟就好了。

图3

（12）提前准备好一盆凉水，把蒸好的凉皮放入凉水中冷却。就这样反复蒸，蒸很多层凉皮放在篦子上（图 4、图 5）。

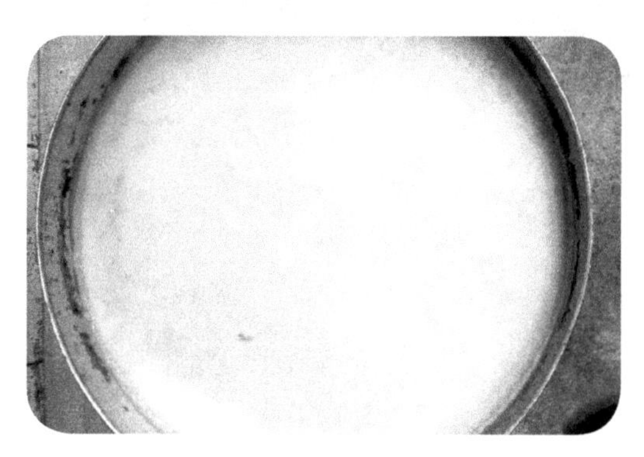

图4

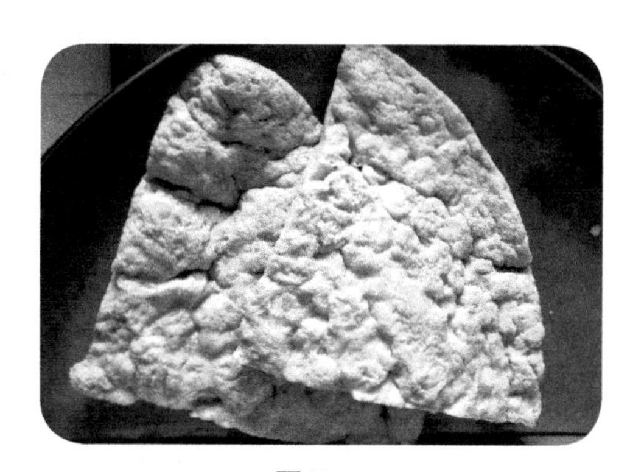

图5

要领

（1）吃的时候切成 5 毫米左右宽的凉皮，这款凉皮是带面筋的，属于洗面凉皮。

（2）小锅里倒入清水，加醋、酱油、五香粉、大料煮开。煮好的大料水过筛，滤掉渣子，调凉皮的调料水就准备好了。往蒜蓉里加一小勺盐，倒少许清水，准备好调凉皮的蒜水。最后吃的时候，倒入调料水、芝麻酱、豆芽菜，淋点辣椒油。

（3）注意观察凉皮冒泡，焖半分钟，蒸的过程中一定要盖锅盖，大火。蒸好立刻放在凉水盆里冷却，醋和酱油不要直接淋在凉皮里，正宗的凉皮调料水很重要，一定要煮开（图6）。

图6

麻麸包子

简介

流传在甘肃河西一带的《孟姜女宝卷》中，就有这样的唱词:“十月里，十月一，麻麸包子送寒衣；走了一里又一里，我的郎君在哪里？”等她来到筑城工地，得知丈夫已劳累而死并被埋进长城脚下后，号啕痛哭，竟使长城城墙倒塌，最终她得以收葬丈夫尸骨，然后投海自尽。据说为了纪念孟姜女千里送寒衣的忠贞气节，人们用麻麸包子来象征送寒衣的包袱。在数九寒天，包子热气腾腾、香味四溢，堪称一绝。特制的麻麸中含有人体需要的多种维生素，经过发酵的包子，也有利于消化吸收，这是因为酵母中的酶能促进营养物质的分解。因此，身体消瘦的人、儿童和老年人等消化功能较弱的人，更适合吃这类食物。

用料

面粉 1000 克、麻子 500 克、土豆 20 克、胡麻油 50 克、盐 5 克、花椒粉 2 克、葱 20 克、水适量。

做法

（1）先将面粉置于适宜的容器内，将酵子倒入面粉中揉匀成面团，继续让面团发酵，待用。

（2）备料。将土豆切成丝，葱切成末，备用。

（3）调馅。在锅里倒入适量的胡麻油，烧至油热，把麻麸倒入，翻炒至出香味，再放入土豆丝、葱末，加入适量的食盐、花椒等调料，拌匀炒香后盛出，就成了麻麸包子的馅了。

（4）擀皮。将发酵好的面团搓成长条状，切成大小均匀的小面团，用擀面杖擀皮儿，中间厚四周薄，薄厚各自要均匀，要尽量擀圆些。

（5）包包子。将擀好的皮儿放在左手掌心，取适量的馅儿放在皮儿的中间，用右手折起一个褶子，继续再折一个褶子，直到将皮儿的最后一个褶子折好，与起头处粘在一起，呈碗口状，最后轻轻给包子整整形即可。

（6）蒸包子。将包子包好后，放入笼屉，开火蒸大约 20 分钟。美味的麻麸包子就出锅了（图 1）。

图1

特色

洁白松软，营养丰富，味道鲜美。

18

蒜面

简介

蒜面可以热吃，也可以凉吃。尤其是酷暑难熬的夏天，当你干完活之后，大汗淋漓、饥肠辘辘时，吃一碗晶莹透亮、黄中带红的蒜面，顿觉凉爽舒适、精神抖擞。

用料

面粉 500 克、胡麻油 50 克、蒜泥 10 克、姜末 10 克、酱油 2 克、味精 2 克、五香粉 2 克、油泼辣子 20 克、芝麻酱 10 克、盐 5 克、醋 10 克。

做法

（1）和面。用温水将精白面粉拌成软硬合适的拉面团，反复用力揉搓直到面团光亮时，抹上清油后搁在有盖的盆子里，放置一旁。（现在是用拉面剂和面。原来是面中加碱和面，面条更筋道）（图 1）。

（2）煎油。将清油倒入锅中烧热，用煎好的热油（注意油的温度）烫蒜泥和姜末，把剩余的煎油舀到碗里晾凉待用。

（3）烧面汤。用精白面粉烧成稠度适中的面汤，放入食盐、味精、五香粉等调料。冬天汤热，夏天汤凉（图 2）。

图1

图2

（4）油拌面。把和好的面拉成宽度适中、薄厚均匀的拉条子，放入开水锅中煮熟后，捞出来用煎好的油拌，待晾凉后食用。

（5）吃时盛上面，浇上汤，调入蒜泥、油泼辣子、盐、醋等调料，搅拌后即食。看起来黄中带红，吃起来酸辣爽口（图3）。

图3

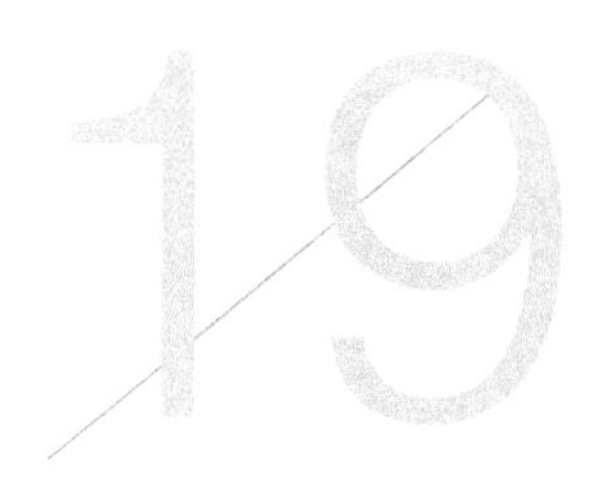

油酥馍

用料

清油 50 克、面粉 500 克、姜黄 10 克、调料粉 10 克。

做法

（1）先将清油、面粉、姜黄、调料粉（用大香、麻椒、干姜等配制而成）拌成面糊。

（2）然后把发酵好的面团抻开，拉成长方形条，从右扯开，抹上面糊、清油，再卷起来，边扯边卷，经手压擀成圆饼，表面再涂抹面糊和白糖（图 1）。

图1

（2）最后把鏊子放在火上，底火要稳，提火要旺。把饼放在浇上油的鏊内，烙约 15 分钟左右，待香味飘出，即可出锅食用（图 2）。

图2

特色

外部焦酥，内部松软，酥香可口。

浆水面

简介

浆水又称酸菜，风味独特、酸爽宜人、百吃不厌，是秦安人喜爱的美食之一，秦安的气候条件适宜苜蓿、苦菜、芹菜、包菜、萝卜菜的生长，这些都为秦安人制作浆水提供了优质的原材料。

浆水在秦安人心目中有很高的地位，它已经融入秦安人的血脉，尤其在物资匮乏的年代，浆水在人们生活中发挥了重大的作用，这也就确定了浆水在秦安人心中的地位。

夏天的浆水，还常常被人当作防暑的清凉饮料。陇上气候干燥，土地盐碱含量过大，所以常食味酸性凉的浆水，不但能中和碱性，而且还可以败火解暑，消炎降血压。夏日常食有利健康。它含有多种有益的酶，能清暑解热，增进食欲，为夏令佳品。三伏盛暑，食之，不仅能解除疲劳，恢复体力，而且对高血压、肠胃病和泌尿系统疾病有一定的疗效。浆水面就是秦安百姓面，清清白白不带一点荤腥，简简单单不沾一点霸气。浆水平淡、清爽、回味无穷，面条柔软、简单、隽永绵长。浆水如奔流不息的河水，面如弯弯长长的历史。正是这看似简单的浆水面，让一代又一代的秦安人在万古的成纪大地上得以繁衍生息。

用料

旧浆水 200 克、苦菜 500 克、苜蓿 500 克、芹菜叶 500 克、面粉 200 克、葱花

10 克、蒜片 10 克、干辣椒丝 10 克、韭菜 20 克、面条 200 克。

做法

（1）制作浆水也叫投浆水。将老苦菜、苜蓿、芹菜叶洗净切成段，在锅中煮熟，煮的过程要注意火候，欠火太生，过火太绵。装进盛有旧浆水的酵头缸中，再烧一锅开水，用面料勾芡，煮熟后倒入浆水缸中，搅匀，密封缸口一两天后即可食用，冬天则要发酵两天以上，发酵好的浆水乳白清润、菜色翠黄、口感极佳。

（2）制作浆水面。因为有了浆水，浆水面自然也成了家常便饭。浆水面以手擀面最为地道，面粉当然以自种自产的小麦面粉最为普遍。做浆水面时，先在锅内倒入少许食用油，将葱花、盐或蒜片、辣椒丝放入，炸至焦黄，倒入浆水，叫炝浆水，烧开后，浇在煮好的面条上，再加上炒好的葱花或韭菜，便是酸香溜爽的浆水面。在“酸饭”里夹杂一些用沸水煮烂的洋芋块，则风味更佳（图 1）。

图1

葫饼

用料

西葫芦 500 克，面粉 1000 克，温水、泡打粉 10 克，酵母 5 克，食糖 5 克，鸡精 5 克，味精 1 克，五香粉 2 克，盐 5 克，葱、姜、蒜适量。

做法

（1）将面粉、泡打粉、酵母、食糖倒入盆里调和均匀。再加入 40℃左右的温水，调制成面团。面团大约醒 10 分钟。

（2）将西葫芦擦成丝，撒少许盐，腌出西葫芦中的水分，捏干水分，将葱姜蒜末、干辣椒丝放在西葫芦上，再将鸡精、味精、五香粉、盐撒在西葫芦上，起锅烧油，烧至七成热，浇在佐料上，调好馅备用（图 1）。

图1

（3）将发好的面团揪成大小一致的剂子，擀成圆饼，放入调好味的西葫芦丝，锁边（图2）。

图2

（4）电饼铛调至200℃左右，放入锁好的西葫芦饼，烙至两面金黄（图3）。

图3

酸菜饼

用料

面粉 500 克、泡打粉 50 克、酵母 5 克、酸菜 300 克、五香粉 5 克。

做法

（1）将面粉、泡打粉、酵母、食糖倒入盆里调和均匀。再加入 40℃左右的温水，调制成面团。面团大约醒 10 分钟。

（2）将酸菜淘洗干净，锅中加油，放入酸菜干辣椒丝、蒜苗，将酸菜炒香即可。

（3）将发好的面团揪成大小一致的剂子，擀成圆饼，放入炒好的酸菜，锁边。

（4）电饼铛调至 200℃左右，放入锁好的酸菜饼，烙至两面金黄色（图 1）。

图1

油糕

简介

秦安油糕，四面八方无人不晓，每逢节会或庙会等重大庆典活动，当地人总习惯于围坐在一起，一边看戏聊天，谈笑风生，一边品尝油糕，谈古论今。

用料

面粉 50 克、沸水、芝麻、冰糖、红糖、白糖、青红丝、大枣、花生、蜂蜜和清油适量。

做法

（1）把面粉放入盆里，加沸水搅拌和成面团，面团大约醒 10 分钟（图 1）。

图1

（2）蒸熟的小麦面粉内按一定比例加入芝麻、冰糖、红糖、白糖、青红丝、大枣、花生、蜂蜜和清油等佐料制成糕馅（图2）。

图2

（3）把醒好的面团，放在案板上搓成圆柱形长条，再揪成一个个剂子。

（4）剂子擀圆，再压扁，用手按成中间厚、四边薄的面皮。

（5）把制好的糕馅放在面皮中央，把馅包入，再压成中间厚、四边薄的小圆饼。

（6）锅起油，将生坯炸烧六成热，炸至色泽金黄，外酥里嫩即可。

特色

口感酥美，味道微甜（图3）。

图3

24 火烧

用料

面粉 1000 克、碱面 5 克、八宝馅料 300 克。

做法

（1）将发酵好的面团加入碱面，揉匀，将八宝馅心制好待用（图 1）。

（2）把面团揪成大小一致的剂子，压成中间厚四边薄的圆饼，将制好的八宝馅心包起来压成饼（图 2、图 3）。

图1

图2

（3）上火烙至两面金黄。

图3

特色

口感酥软，八宝馅味浓郁（图4）。

图4

25 地软软包子

简介

地软软又名地木耳、地见皮、地踏菜、地皮菜、地皮木耳。生长范围很广，多生于水中、土中或草地上等潮湿的环境，适应性很强。色味形俱佳，口感甚好。似木耳之脆，但比木耳更嫩；如粉皮之软，但比粉皮微脆，润而不滞，滑而不腻，有一种特有的爽适感。食用方法很多，可炒食、凉拌、烩、做羹等。秦安当地人常采回家洗干净，与萝卜、豆腐、粉条混合做成包子食用，味道甚佳。地耳含有丰富的蛋白质、钙、磷、铁等，可为人体提供多种营养成分，具有补虚益气、降脂明目、滋养肝肾的作用，地木耳也是一种很好的低脂肪营养保健菜，具有减肥之效。

用料

面粉 1000 克，水、酵子面 50 克，胡萝卜 200 克，地软软 400 克，葱 50 克，植物油 100 克。

做法

（1）将面粉、水和酵子面揉成软硬合适的光滑面团，放置温暖处醒发。

（2）待面醒发至表面出现蜂窝状，把醒发的面放在案板上揉，尽量多揉一会（图 1）。

图1

（3）准备干的地软软，用温水泡开，洗净，待水分晾干，把地软软切碎（图2）。

图2

（4）将胡萝卜切丝，焯水至半熟。将萝卜丝切碎，锅内熟油加热至八成，倒入萝卜丝翻炒，再倒入地软软，加入调料、葱等，出锅前放味精拌匀即可。

（5）将醒发好的面团揉成长条，分成剂子，并擀成圆片，包入馅料。

（6）蒸锅中放入凉水并烧开，将包好的包子放入铺好笼布的屉中，盖上锅盖，开中火，水沸腾后蒸 20 分钟左右，关火，2 分钟后开锅取出即可（图 3）。

图3

锅盔

用料

面粉1000克、酵母50克、苦豆儿粉20克、黑芝麻粉20克、熟油适量。

做法

（1）面粉中加入酵面，温水揉成面团。醒发好后，加碱面揉匀。

（2）将面分成大小一致的剂子，擀成圆饼，苦豆儿粉和黑芝麻粉混成的末用熟油拌匀，抹在面饼上（图1）。

图1

（3）用木桩，边折边压，直到面光色润，酵面均匀（图2）。

图2

（4）用专业工具的面饼上戳几个均匀的小孔，将面饼压成圆形，上鏊勤翻转，烙得均匀，直至熟透（图3）。

图3

凉拌苦菜

用料

苦菜 500 克、醋 20 克、盐 5 克、生抽 5 克、味素 1 克、香油 2 克、胡油 20 克，葱姜蒜、干辣椒丝适量。

做法

（1）苦菜摘去老根，黄叶洗净，在水中浸泡。

（2）焯水后在凉水中浸泡，冲淡苦味。

（3）用手捏干苦菜水分放在碗里，上面放干辣椒丝和葱姜蒜末，锅中烧油，油热后浇在上面。再加盐，味素、香油、醋、生抽，拌匀即可。

要领

（1）焯水时间不能过长。

（2）一定要捏干水分。

（3）酸味辣味浓一些，尽量盖过苦味。

（4）根据个人喜好，也可加入蚝油、白糖（如图 1）。

图1

28 扣肉

用料

五花肉 500 克，豆腐乳 2 块（带汁），葱、姜、蒜各 10 克，白酒 5 克，酱油 5 克，调料面 5 克，味精 1 克。

做法

（1）将五花肉切成大小一致的方块儿。在锅中加冷水煮至八成熟，捞出。趁热抹上蜂蜜。

（2）锅中倒入适量油，加热至八成，将肉炸至变色。

（3）将五花肉去掉四边，做下脚料。将剩余五花肉切成长约 10 厘米，宽约 3 厘米的薄片，在碗底成瓦楞状排列的八片，两边再放两片。下脚料中加入豆腐乳（每碗两块），葱姜蒜，白酒，酱油，味精，调料面，然后拌匀，放在碗里。

（4）上笼蒸 1 小时，倒扣在碗里即可（图 1）。隔夜吃最香。

要领

（1）选用肥瘦相间的五花肉。

（2）炸制时要注意不要让五花肉颜色变得太深。

（3）不加其他香料，主要要突出豆腐乳的香味。

图1

八宝米饭

用料

糯米 1000 克、葡萄干 50 克、大枣 50 克、青红丝 20 克，玫瑰酱 20 克、白糖 20 克、花生 20 克、白酒 5 克、蜂蜜 20 克、冰糖 20 克。

做法

（1）将糯米淘洗干净，浸泡 2 小时。

（2）锅中加水放入糯米，小火煮至稠浓，其间要不停地搅拌，一定要小火，防止粘锅。待稠浓适当时，加入白酒、冰糖、蜂蜜，搅匀即可。

（3）葡萄干浸泡回软，枣洗净，去核切瓣，花生炒熟去皮，与青红丝、玫瑰酱、白糖一起拌匀成八宝馅，然后将八宝馅料铺在碗底。碗底要抹油，防止粘连。

（4）将煮好的米饭舀入碗中，蒸 1 小时即可。倒扣出来即可享用（图 1）。

图1

大地湾暖锅

简介

大地湾暖锅是我们的祖先3000年前就在食用的一道菜，这道菜荤素搭配合理，富含维生素、蛋白质和脂肪等营养成分，而且这种烹饪方法不会破坏食物的营养成分。

用料

高汤1000克、肉丸子100克、卤肉200克、白菜100克、粉条100克、豆腐100克、土豆100克、胡萝卜50克、菠菜50克、葱花10克、姜末10克、蒜片10克、干辣椒丝10克、盐5克、鸡精5克、料酒10克、生抽5克、老抽5克、胡椒粉5克、味精1克、香油2克。

做法

（1）将白菜斜刀切成片，土豆切片，胡萝卜切片，豆腐切片，粉条切段。

（2）葱姜蒜炝锅，将白菜、土豆炒出香味，加入高汤，加入胡萝卜、豆腐、粉条、菠菜，调制好味道，倒入暖锅内。

（3）在暖锅里放入肉丸子、卤肉，撒上葱花、干辣椒丝、香菜即可（图1）。

图1

农家一锅出

简介

秦安有一种古老的美食，在当地人们称之为“气托”。这是一道每家饭桌上必备的美食。这道菜看似简单，实则火候很难掌握，火过旺会烧焦，火过小，洋芋和气托都无法熟，所以在当地能做好这锅菜的妇人，才算得上是巧妇。

用料

土豆 500 克，豆角 200 克，面粉 1000 克，酵面 50 克，葱、姜、蒜各 10 克。

做法

（1）土豆切块，豆角切段放入锅中小炒，倒入适量的水。

（2）将和好的面粉做成巴掌大的圆饼，蘸水贴在锅边。

（3）加锅盖，小火加热 15 分钟，面饼和菜同时熟即可（图 1）。

图1

32 腊肉带饼

简介

腊肉的防腐能力强，保存时间长，并增添了特有的风味。秦安腊肉有独特的制作工艺，肥肉晶莹剔透，瘦肉滋润不柴。饼子为人工烙饼，外脆里软，特别适合夹腊肉食用，再配上绿绿嫩嫩的小葱，确实是美味至极（图 1）。

图1

用料

腊肉 500 克、酵面 50 克、面粉 500 克、碱面 5 克、小葱 20 克。

做法

（1）将腊肉洗干净，蒸熟。

（2）酵面中加入碱面、面粉，揉至均匀且没有酸味，在电饼铛中烙熟。

（3）腊肉切片，夹入面饼中，再配以小葱。

米黄甜馍

简介

秦安老发糕，在秦安被称为米黄馍，又称米黄甜馍。以玉米面或荞麦面用同样方法制作的甜馍，称作发糕，风味独特，口感不亚于米黄甜馍。在秦安这座古老的城镇，耳畔一直回荡着这种叫卖声:“米黄面馍馍，酒胚子。”这也是历史长河中一曲动听的音乐。

用料

糜子面 1000 克、老酵 50 克、碱面 10 克。

做法

（1）将糜子面加入水、老酵，适度发酵，加碱去酸味。

（2）将面团揉成馒头状，入笼蒸熟即可。

特色

其块如蜂巢，色如黄蜡，味甜可口，柔酥恰好，营养丰富（图 1）。

图1

烤馍

简介

秦安人称烤馍为“宭锅子”，是回族人烤制的一种传统风味小吃。它经久耐贮，携带方便。

用料

面粉 500 克、蜂蜜 50 克、鸡蛋 50 克、清油 10 克、白糖水 50 克、酵面 20 克。

做法

（1）首先将蜂蜜、鸡蛋、清油、精白面粉混在一起拌成索状，再加白糖水、酵面和成面团，揉拉发酵好之后，揉成一个个均匀的圆面团。

（2）将面团放入上下置火的锅内烘烤。大约 30 分钟，火候一定要掌握好，烤熟即可。

特色

色泽金黄，外酥里软，醇香味长（图 1）。

图1

醋凉粉

简介

秦安凉粉品种繁多，风味各异，制作考究，佐料独特。凉粉往往使人胃口大开。醋有美容养颜、延年益寿的功效，醋凉粉在当地也是家喻户晓的美食，深受大家喜爱。

做法

用醋糟过滤后的沉淀物制作而成。

特色

色泽较暗，柔软光滑，清爽可口（图 1）。

图1

附　录

秦安县首届特色名优小吃展（部分作品）

特色小吃展开幕式

著名相声演员牛群为秦安锅盔代言

秦安县县长程江芬参观小吃展（一）

著名相声演员牛群品尝烫面油饼

秦安县县长程江芬参观小吃展（二）

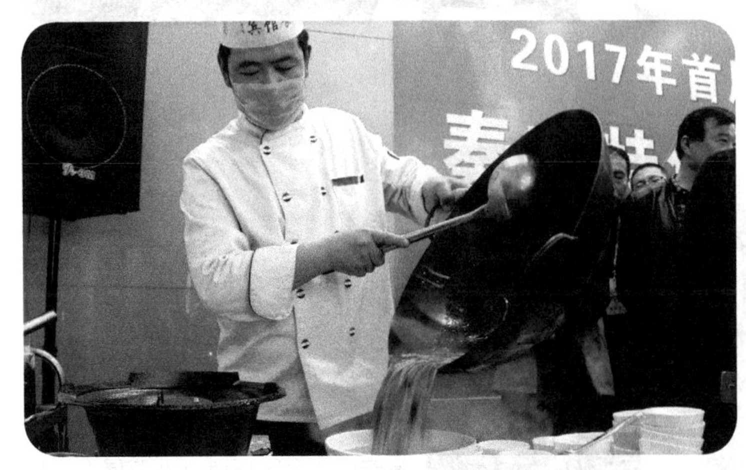

制作肚丝汤

相声演员牛群在小吃展上（一）

相声演员牛群在小吃展上（二）

小吃展（一）

小吃展（二）

小吃展（三）

小吃展（四）

烫面油饼

麻麸饼

面鱼

蘸水面

扣肘子

秦安干馍

扣夹沙

花花馍

秦安暖锅

秦安蒜面

浆水面

秦安烧鸡

秦安卤肉

肚丝汤

土豆饼

油菜苗

凉粉

油香

荠荠菜

凉拌乌龙头

秦安呱呱

苜蓿

酿皮

秦安圈圈馍

大馍馍

碗碗馍

粽子

馓子